U0049432

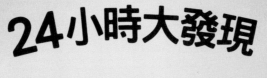

24小時大發現

勇闖熱帶雨林

作者／藍·庫克（Lan Cook）

繪者／史黛西·湯瑪斯（Stacey Thomas）

翻譯／江坤山

設計／湯姆·艾須頓-布斯（Tom Ashton-Booth）

顧問／歐文·路易斯（Owen Lewis）

英國牛津大學生態學教授、青銅鼻學院（Brasenose College）研究員。
擁有自己的研究團隊，也跟很多國際學者合作，研究熱帶雨林豐富的動植物多樣性，
以及人類如何對這個生態造成衝擊。

想透過網站和影片，深入了解熱帶雨林裡的生物嗎？
請前往 usborne.com/Quicklinks，
在搜尋欄裡輸入「24 Hours in the Jungle」就能找到。

網站裡蒐集了很多活動，雖然是英文的，
但可以請人幫忙說明和列印，
可進行的活動如：
 · 發現有關紅毛猩猩的驚人事實。
 · 搭船航行於婆羅洲的河流。
 · 觀看很臭的大王花開花。
 · 了解如何製作誘蛾陷阱。
 · 觀看自動相機拍到的婆羅洲野生動物。
 · 製作田野日誌，記錄你所在地的野生生物。

請遵守上網安全規則，找大人陪同。
出版商不對外部連結網站的內容負責。

目　錄

東南亞，
婆羅洲島……

天剛破曉，
叢林充滿生機。

昆蟲唧唧，鳥兒吟唱，
長臂猿開始晨呼。

叢林裡充滿了
各種聲音。

林梅博士，艾莉和丹尼的母親

早安，坎姆。歡迎你來！

早安，博士！

你們帶坎姆去吃早餐好嗎？吃飽後再來看今天的行程。

克萊奧！他是剛來的坎姆。

嗨，坎姆！

我是克萊奧，這裡的昆蟲學家。

所以啦，她都在研究昆蟲。

想了解自動相機監測系統，
請翻到第 22 頁。

樹苗（小樹）

這兩片森林之間隔著一大片油棕，我們想用廊道把森林串連起來。

雨林
河流
油棕田
森林廊道

人們砍掉森林改種油棕，形成大片人工林。油棕果實可用來製作棕櫚油。

廊道需要的樹，全種在這個苗圃嗎？

這裡空間不夠，當地很多村落也成立了苗圃。沒有他們幫忙，這件事不會成功。

走，我們去樹冠步道上看看。

我們大概會種三十種不同的樹……

我們從森林的地上蒐集到好多種子！

每一種樹扮演不同的角色，才會有健康的森林。

種子

樹苗

黃娑羅雙是世界上最高的雨林樹種。

你

單單一棵黃娑羅雙，就能提供多達一千種昆蟲、真菌和植物棲息。

油棕田把森林隔開了，但透過廊道，散居兩地的動物就能再次接觸。

鳥也會有新地方可以築巢。

油棕田

棘毛伯勞

婆羅洲的稀有動物

這裡只舉出幾種動物，牠們都能因為森林廊道而受益。

史東氏鸛

最稀有的鸛。據說野外數量剩下不到五百隻。

毛鼻水獺

世界上最稀有的水獺，在野外幾乎已經滅絕，一隻也不剩了。

盔犀鳥

因為人類獵捕已瀕臨滅絕，沒有人知道牠們還剩下多少隻。

爪哇牛

爪哇牛是一種野牛，目前野外只剩不到五百頭。

婆羅洲象

體型最小的象，野外只剩下大約一千五百頭。

該到船那邊跟林博士會合了！

跟我來，碼頭往這邊走。

那是什麼聲音？

呼嚕

呼嚕

呼嚕

喔，大概是蒙蒂。

嘎！

看！蒙蒂是髯豬，牠每星期會出現幾次。

我們有時會餵牠。牠最愛山荔枝果實。

髯豬會用口鼻掘土挖樹根，找蟲、果實和種子。

到了碼頭……

嗨！東西都上船了。準備到河的上游了嗎？

當然！我的東西應該都帶齊了。

雨林必備用品

頭燈
照明用，傍晚時天色暗得很快。

急救箱
萬一發生意外、或只是起水泡，都能派上用場。

帽子或頭巾
太陽光可能穿過樹冠照下來，陽光可是很烈的。

雙筒望遠鏡
這是尋找遠方野生動植物的重要工具。

雨衣
雨林裡幾乎每天都會下雨。

毛巾
熱帶雨林裡又濕又熱，你會流很多汗。

防水袋
確保電子產品、筆電和點心能夠保持乾燥。

驅蟲劑
避免咬人的小蟲子靠近。

防螞蝗襪套
用來防螞蝗，這種生物可能爬到你腳上吸血。

水袋
炎熱的天氣下一定要喝很多水。

嗨！

坎姆，來認識一下雨林的其他工作人員。

我是馬麥，負責鳥類保育團隊。

我是羅斯理，負責幫忙你和林博士。

我們研究這裡的鳥，並且為犀鳥裝設人工巢箱。

嗯，馬麥，為什麼要幫犀鳥裝設巢箱呢？

犀鳥會在很高的樹上找洞築巢，但大樹幾乎都砍光了，所以用人工巢箱來幫助牠們。

我們找到一棵很適合的樹，有遮蔭，太陽不會直射。

而且這棵樹夠高夠強壯，足以抵擋強風。

它也能抵擋強烈的暴風雨。

好像很難！

沒錯！犀鳥很挑剔。即使我們覺得鳥巢很完美，牠們還是可能不用。

看，是大象！

還有一群長鼻猴，牠們正在觀察我們！

斑犀鳥

長鼻猴有又長而多肉的鼻子，能讓叫聲變得響亮。

哼嗯～

早上 7:30，河的上游……

坎姆，要進雨林興奮嗎？

當然！我把拉鍊拉好就能出發了！

別忘了穿上防螞蝗襪套。你可不希望有東西爬上你的腿！

記得綁緊防螞蝗襪套，任何小縫螞蝗都鑽得進去。

找一下螢光黃布條。那是雨林步道的入口。

嘿，各位，你們看！

哇！那是什麼？

牠藏得那麼好，你怎麼還看得到？

這種昆蟲叫做陳氏竹節蟲，是世界上最長的昆蟲之一。

這片森林似乎很茂密，有很多生物。我還以為這裡的樹被砍過？

馬來紅丑蝶
（一種小灰蛺蝶）

嗚嗚喂

東方黃腰太陽鳥

呼呼

嗡

嘶

噠噠

角飛蜥

的確是。最大最有價值的樹都被砍光了。

沒錯，森林裡有很多樹消失了，但留下的還有很多。

鸛嘴翡翠

翡翠水蛙

被砍過的森林跟沒被砍過的原生林一樣重要，都能支持大量的野生生物。

我們有記在筆記裡，你想看嗎？

艾莉與丹尼的田野筆記

婆羅洲雨林是世界上最古老的雨林，即使有三分之一的面積遭砍伐，生物多樣性依然非常高。這是其中一些生物。

哺乳類 會分泌乳汁餵養幼獸的動物

· 共有 222 種
· 其中 44 種是婆羅洲特有

西部眼鏡猴

沒辦法轉動大眼睛，必須轉動頭部才能查看四周。

熊狸

後腿可往後彎曲保持抓力，以便頭朝下的爬下樹。

鳥類

· 共有 420 種
· 其中 74 種是婆羅洲特有

馬來藍翅八色鳥

在地面築巢，巢看起來亂亂的。

大眼斑雉

雄鳥會在森林裡打造跳舞場地，表演舞蹈追求配偶。

爬行動物 包括龜和鱉、鱷和蜥蜴

· 共有 254 種
· 其中 91 種是婆羅洲特有

貓守宮

睡覺時尾巴常像貓一樣蜷起來。

綠冠蜥

俗稱婆羅洲吸血蜥，不會真的吸血，但會咬人！

兩棲類 ← 包括蛙和蠑螈

- 共有 149 種
- 其中 114 種是婆羅洲特有

加都巴蟾
頭扁扁的，世界上唯一沒肺的蛙類，以皮膚呼吸。

豬籠草小雨蛙
信不信由你，這是牠的真實大小。

魚類

- 共有 430 種
- 其中 160 種是婆羅洲特有

亞洲龍魚
體型很大，人們會捉來當寵物，販售價格高達六十萬台幣。

蟾鬍鯰
離水也能活，可以在陸地上行走。

無脊椎動物 ← 昆蟲、蜘蛛和蝸牛等沒有脊椎的動物

- 多達幾千種，沒人知道確切數字
- 光螞蟻就至少有 1000 種

鞭蠍
小心！ 牠們會噴出臭臭的化學物質自保，氣味有點酸酸的。

柄眼蠅
雄蠅的眼柄比身體還要長。

植物和真菌

- 至少有 1 萬 5000 種開花植物
- 真菌種類太多，難以估算

豬籠草
會捕捉昆蟲。 較大的豬籠草甚至可能捕捉蜥蜴和老鼠！

多色鬼筆
噁！ 這些真菌好臭！ 像腐肉一樣。

發光蕈類
這裡有很多種蕈類會在黑暗中發光。

早上 8:00，看到自動相機監測系統……

到了了！

太好了了，開始吧。坎姆，我來示範怎麼處理自動相機。

綁在樹上的自動相機監測系統。

自動相機監測系統

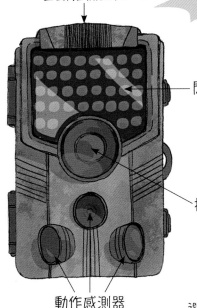

自動相機正面

閃光燈

攝影鏡頭

動作感測器

當動物經過相機的前面，會觸發動作感測器，進而啟動攝影機拍照或錄影。

自動相機會留在森林裡幾週、甚至幾個月，協助研究者了解當地有多少種類的動物，及動物之間如何互動。

設定及觀看用的螢幕

電池盒

選項按鈕

SD卡插槽

SD卡：用來儲存相片和影片

我們只要打開蓋子，拿出原來的 SD卡。

換一片新卡。

接著，更換裡面的充電電池。

最後，輸入我們想要的設定。

好，我來處理其他相機。

羅斯理，你有帶其他相機來嗎？

有呀！坎姆，你想幫忙架設新的相機嗎？

當然！

沙沙

咯哩

嗖嗖

咯哩

嗖嗖

沙沙

沙沙

你們聽到嗎？

快跟我來！

紅毛猩猩在馬來語的意思是：森林裡的人。

看！上面！

紅毛猩猩和牠的寶寶！

我們能跟蹤牠們一下嗎？

可以，但小心別打擾到牠們。

婆羅洲紅毛猩猩

紅毛猩猩幾乎都在樹上生活。成年猩猩通常獨居，但小猩猩會跟媽媽一起生活長達八年。

牠們在這段期間跟媽媽學習所有事情，像吃什麼、如何築巢睡覺、該遠離哪些動物，以及如何在樹木之間移動。

哇！真是不可思議！

泥坑是動物在泥地裡打滾或躺出來的坑洞。

你們看這個泥坑。好大一個！

泥巴可幫助動物在炎熱時降溫，並防止昆蟲叮咬。

這個泥坑髯豬最近用過，但鐵定不是牠們做出來的。

那是怎麼來的？

犀牛很久以前弄的。

你怎麼知道這是犀牛的舊泥坑，而不是髯豬的？

簡單，犀牛大多了，弄出的泥坑比較大。

用自動相機拍拍看。應該是拍不到犀牛，但誰知道呢？

婆羅洲犀牛是極為稀有的哺乳動物，2015年被宣告在婆羅洲的沙巴州滅絕。

好了，夠牢固了。坎姆，你要拍張測試照，確定它能順利運作嗎？

當然，我……

喔！

哈哈，我們來看一下照片。

咔嚓！咔嚓！

哈！這張照片應該裱起來！

別擔心，大家都會發生這種事。

哈，這樣嗎？感覺好多了。

好熱呀！我得坐下來休息一會兒。

好主意。我們都應該補充水分。來喝點水。

別擔心，我們會趕在氣溫升到最高之前回到營區。

坎ᵇ姆ᵐ！是ᵖ三ᴬ葉ᵢᵉ蟲ᵗᴼ紅ᵒ螢ᵢᵗ！

看ᵏᵃᵗ起ᵏ來ᵃᵢ好ᴴᵃᴼ古ᵏ老ᴸᴬᴼ。

只ᵗᴴ有ᵢᴼ雌ᵗ蟲ᵗᴼ長ᵗᴴᴬᴼ這ᵗ樣ᵗᴬ。

雄蟲

科ᵏ學ᵗᴴ家ᵗ花ᴴ了ᵗ將ᵗᴬ近ᵗᴼ一ᵢ百ᵇ年ᵗ才ᵗ找ᵗᴬᴼ到ᵗᴬᴼ雄ᵗ蟲ᵗᴼ，因ᵢ為ᵗᵗᴴ雌ᵗ雄ᵗᴼ長ᵗᴴᴬᴼ相ᵗᴬ差ᵗᴬ太ᵗᴬᵢ多ᵗᵗᴼ了ᵗ。

這ᵗ是ᵖ⋯⋯

你ᵢᴺ怎ᵗ麼ᵐ了ᵗᴼ嗎ᵐ？

我ᵗᴼ覺ᵗᵢᵗᴴ得ᵗ有ᵢᴼ東ᵗᴼᴺ西ᵢ爬ᵖ上ᵗᴴᴬᴺ我ᵗᴼ的ᵗ⋯⋯

腿ᵗᴴ！

無ᵗ論ᵗᵘᴺ你ᵢᴺ在ᵗᴬᵢ雨ᵗᴴ林ᵗᴴᵢᴺ的ᵗ哪ᴺᴬ個ᵏ地ᵗ方ᵗᴴᴬᴺ，會ᴴᵘᵢ吸ᵢ血ᵢᵗ的ᵗ螞ᵐᴬ蝗ᴴᴬᴺ一ᵢ定ᵗᵢᴺ都ᵗ會ᴴᵘᵢ找ᵗᴬᴼ上ᵗᴴᴬᴺ門ᵐᴺ。

我ᵗᴼ有ᵢᴼ穿ᵗᴴᴬᴺ防ᵗᴴᴬ螞ᵐᴬ蝗ᴴᴬᴺ襪ᵗᴬ套ᵗᴬᴼ呀ᵗᴬ！

嗯ᵉ，看ᵏᵃᵗ來ᵃᵢ襪ᵗᴬ套ᵗᴬᴼ沒ᵐ蓋ᵏᴬᴼ住ᵗᴴᵘ拉ᵗᴬ鍊ᵗᴬᴺ。

牠ᵗᴬ們ᵐᴺ能ᵗᴴᵢᴺ鑽ᵗᵘᴬᴺ過ᵏ拉ᵗᴬ鍊ᵗᴬᴺ嗎ᵐ？

沒ᵐ錯ᵗᴼ，螞ᵐᴬ蝗ᴴᴬᴺ是ᵖ無ᵗ孔ᵏᴼᴺ不ᵇᵘ入ᵗᴼ的ᵗ。

要我幫你拔掉牠們嗎？

謝啦，丹尼，但最好讓牠們自己掉落。

牠們好像吸飽血了，再等一下。

我來準備消毒紙巾和繃帶。

雨林裡的吸血蟲

虎斑螞蝗會掛在樹葉底下。

螞蝗具有熱追蹤感測器，對動物體溫非常敏感。

一般的螞蝗生活在地面上。

別衝動的直接拔掉螞蝗，否則牠們的口器可能留在皮膚上造成感染。

早上 9:00

謝謝你！

趁回去之前還有一點時間，我們去看看馬麥和鳥類團隊的狀況。

包紮好了。被咬的地方會癢一陣子，盡量不要抓。

急救箱

28

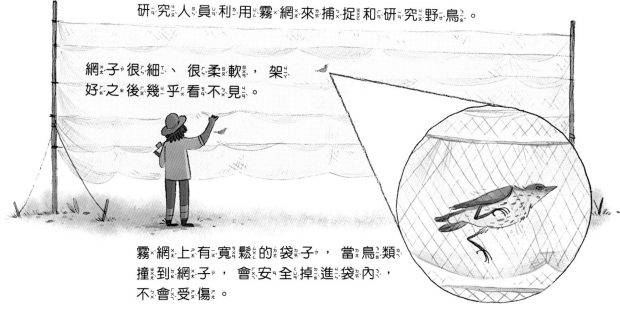

霧網

研究人員利用霧網來捕捉和研究野鳥。

網子很細、很柔軟，架好之後幾乎看不見。

霧網上有寬鬆的袋子，當鳥類撞到網子，會安全掉進袋內，不會受傷。

艾莉和丹尼的鳥類調查

科學家透過鳥類調查，追蹤雨林裡不同鳥類的數量。被捕獲的鳥腳上會安裝小環，下次再捕獲時，就能辨認出來。

雄鳥的長尾羽可達30公分

	鳥種	性別	體長	體重
1	亞洲綬帶	雄	20 公分	20 公克
2	帶斑閣嘴鳥	雌	23 公分	80 公克
3	黑喉黃鸝	雌	18 公分	38 公克
4	小噪啄木	雌	23 公分	76 公克
5	藍頭八色鳥	雄	17 公分	72 公克
6	黑枕藍鶲	雄	16 公分	10 公克

今天早上真精采！

你感到喜歡真是太好了。我們先上傳自動相機的照片，午餐後再來看。

我們能去找克萊奧嗎？我們想幫她的甲蟲編號。

當然可以，照片上傳完成，我再去找你們。

ZZZ…
…ZZZ…
…ZZZ

克萊奧的實驗室

嗨！你們來幫忙處理甲蟲嗎？

對！

為了研究甲蟲在大自然中的移動，科學家會在牠們身上編號。

克萊奧的糞金龜指南

克萊奧，糞金龜是你最喜歡的蟲嗎？

牠們的確在我的排行榜上！

為什麼？

牠們是很神奇的昆蟲……

糞金龜對森林裡的變化非常敏感，森林愈健康，能找到的糞金龜就愈多。

糞金龜專吃動物糞便，還會在裡面產卵，類型不一，有會滾糞球的推糞型、會挖地道藏便便的地道型，及住在糞便裡的糞居型。

糞金龜對健康的森林非常重要

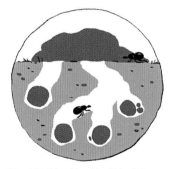

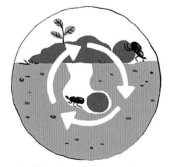

牠們挖的地道能讓空氣進入土壤並改善排水。

牠們能讓糞便的養分重回土壤，幫助植物生長。

牠們推糞球時會連帶把裡面的種子散播到其他地方。

艾莉的愛蟲指南
關於我們最愛的蟲子

艾莉 我喜歡任何會偽裝的怪奇鬼祟蟲子。

忍者蛞蝓

正式名為長尾鱉甲蝸牛，婆羅洲特有，會朝交配對象射出名為「戀矢」的交配器。

鳥糞蟹蛛

一種瘤蟹蛛，蜷起來的樣子很像鳥糞，甚至聞起來也像！這樣其他動物才不會想吃牠。

寬頭樹皮蛛

一種高頭蛛，會用腳包住樹枝，看起來和樹融合為一，以躲避掠食者。

刺客蟲

一種荊獵蝽，會獵殺螞蟻，把毒液注入螞蟻體內分解內臟後吃掉，事後還會把蟻屍堆在背上，像披外套一樣。

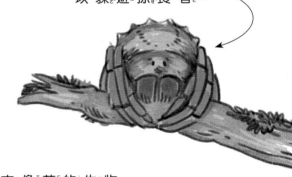

凱 喜歡蜜蜂和看起來像花的生物，但蜘蛛絕對是「不行」！

藍帶蜜蜂

蜜蜂不一定都是黃黑色！這是一種無螫蜂，跟其他蜜蜂一樣會在花間穿梭，傳播花粉。

蘭花螳螂

這種螳螂看起來就像蘭花。

丹尼 喜歡鮮豔漂亮的生物×！

卡爾娜翠鳳蝶
翅膀上細細碎碎的小綠點，看起來就像幾百顆閃亮的綠星星。

巨臭蟲
一種比蟒，成蟲綠色，若蟲（幼蟲）紅色，外型差別很大，但同樣鮮豔漂亮。

枯葉蝶
翅膀闔起時像乾枯的樹葉，但張開時，你會訝異地竟是這麼厲害的偽裝大師。

綠翠蟬
世上最美麗的蟬之一，具有藍色脈絡的翅膀幾乎完全透明。

翅膀闔起 ←

→ 翅膀張開

克萊奧 喜歡所有蟲子！ 以下只是其中幾種。

龜金花蟲
這些甲蟲看起來有點像烏龜，有些具有可蓋住腳的透明外殼。

提琴步行蟲
形狀像小提琴的大型甲蟲，受威脅時會噴出有毒酸液。

爆炸蟻
一種平頭蟻，受威脅時會用力擠壓肌肉而爆炸，留下黃色黏稠的有毒物質。

沙勞越隨蛛
這種長腳蛛的體色有紅有藍，像金屬一樣閃閃發光。

敲敲

好！我的肚子咕嚕叫了。

一起去吧！

嗨，各位準備吃午餐了嗎？

嘿，想看看比蟲子更酷的東西嗎？

沒有那種東西啦！

嗯哼，先看一下再說吧。

你們知道這是什麼植物嗎？

漂亮的花，不過這裡到處都有，難道不是雜草？

有人或許覺得是雜草，但它相當奇妙。

受熱、搖晃或受到風吹時，葉子也會收摺起來。

哈，它好像很怕癢！

它感覺得到你在摸它嗎？

對！這種植物叫做含羞草。

它原本生長在中南美洲，但現在全世界都看得到。

克萊奧，這真的跟甲蟲一樣酷。

我也這麼覺得！

呃，這是那種動物嗎？

天啊……

什麼？是什麼？

婆羅洲金貓，非常稀有，很難見到喔！

直到 2002 年，才在野外第一次被拍攝到。

關於牠們的事幾乎都是謎，這太令人興奮了！

媽，你以前看過嗎？

從來沒有，連自動相機也沒拍到，真的很少人看過。

太酷了！我們應該寫到田野筆記裡！

我也這麼覺得。

我們下午都會待在這邊，你們想去外面嗎？

好呀，我們去河邊的遮篷那裡吧！

下午 2:00

啪　滴　噠　淅瀝　啪啦　嘩啦

幸好趕在下雨之前，我們就到了！

嗯，要從哪裡開始呢？

噹　砰　喀　啪

先把拍到的動物加進去，再用一整頁來寫婆羅洲金貓。

淅瀝 淅瀝　　淅瀝 淅瀝

也許以後來研究這種動物！

然後變成世界知名的專家……

艾莉，丹尼，醒醒。

這些是鞘尾蝠，牠們白天睡覺或休息，日落之前醒來，捕捉昆蟲吃。

怎？我打瞌睡了……

有個誘捕籠被觸發了，我猜我們可能抓到了雲豹。

喔？

坎姆、野生動物醫師哈里和其他人已經在船上等我們了。

再度回到了河上……

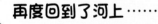

這裡的團隊總共抓到過幾隻雲豹？

如果這次有抓到，會是第三隻。

我真不敢相信，來這裡的第一天就能看到雲豹！

灣鱷，世界上體型最大的鱷魚。

需要的東西都在這裡，大家準備好了嗎？

好了。

坎姆，既然這是你第一次接觸雲豹，想協助我測量嗎？

哈囉，蛙先生！

當然好，你想要我做什麼儘管說。

豹紋飛蛙

誘捕籠就在這些樹後面。

大家保持安靜，慢慢移動，不要嚇到動物或增加牠額外的壓力。

走吧！

巽他雲豹

雲豹身上有像雲一樣的塊狀斑紋，因此得名。

雲豹頭骨

犬齒

在現存貓科動物中，以相較於頭骨的尺寸來看，雲豹可說是具有最長的犬齒。

雲豹大多待在樹上。由於踝關節可以旋轉，牠們能頭下腳上的爬下樹。

長長的牙齒讓牠們能緊咬獵物。

好ㄏㄠˇ耶ㄧㄝ！我ㄨㄛˇ們ㄇㄣ抓ㄓㄨㄚ到ㄉㄠˋ雲ㄩㄣˊ豹ㄅㄠˋ了ㄌㄜ。

我ㄨㄛˇ來ㄌㄞˊ看ㄎㄢˋ牠ㄊㄚ健ㄐㄧㄢˋ不ㄅㄨˋ健ㄐㄧㄢˋ康ㄎㄤ，會ㄏㄨㄟˋ不ㄅㄨˋ會ㄏㄨㄟˋ年ㄋㄧㄢˊ紀ㄐㄧˋ太ㄊㄞˋ大ㄉㄚˋ而ㄦˊ不ㄅㄨˋ適ㄕˋ合ㄏㄜˊ麻ㄇㄚˊ醉ㄗㄨㄟˋ？

麻ㄇㄚˊ醉ㄗㄨㄟˋ是ㄕˋ讓ㄖㄤˋ動ㄉㄨㄥˋ物ㄨˋ暫ㄓㄢˋ時ㄕˊ睡ㄕㄨㄟˋ著ㄓㄠˊ，科ㄎㄜ學ㄒㄩㄝˊ家ㄐㄧㄚ才ㄘㄞˊ能ㄋㄥˊ安ㄢ全ㄑㄩㄢˊ的ㄉㄜ進ㄐㄧㄣˋ行ㄒㄧㄥˊ檢ㄐㄧㄢˇ查ㄔㄚˊ。

看ㄎㄢˋ起ㄑㄧˇ來ㄌㄞˊ沒ㄇㄟˊ問ㄨㄣˋ題ㄊㄧˊ，是ㄕˋ頭ㄊㄡˊ年ㄋㄧㄢˊ輕ㄑㄧㄥ的ㄉㄜ雌ㄘˊ豹ㄅㄠˋ，健ㄐㄧㄢˋ康ㄎㄤ狀ㄓㄨㄤˋ況ㄎㄨㄤˋ很ㄏㄣˇ好ㄏㄠˇ。

太ㄊㄞˋ好ㄏㄠˇ了ㄌㄜ，趁ㄔㄣˋ你ㄋㄧˇ麻ㄇㄚˊ醉ㄗㄨㄟˋ時ㄕˊ我ㄨㄛˇ們ㄇㄣ來ㄌㄞˊ準ㄓㄨㄣˇ備ㄅㄟˋ。

麻ㄇㄚˊ醉ㄗㄨㄟˋ槍ㄑㄧㄤ射ㄕㄜˋ出ㄔㄨ的ㄉㄜ針ㄓㄣ頭ㄊㄡˊ飛ㄈㄟ鏢ㄅㄧㄠ裡ㄌㄧˇ，裝ㄓㄨㄤ有ㄧㄡˇ劑ㄐㄧˋ量ㄌㄧㄤˋ安ㄢ全ㄑㄩㄢˊ的ㄉㄜ鎮ㄓㄣˋ定ㄉㄧㄥˋ劑ㄐㄧˋ。

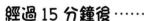經ㄐㄧㄥ過ㄍㄨㄛˋ 15 分ㄈㄣ鐘ㄓㄨㄥ後ㄏㄡˋ……

好ㄏㄠˇ了ㄌㄜ，體ㄊㄧˇ重ㄓㄨㄥˋ是ㄕˋ 13 公ㄍㄨㄥ斤ㄐㄧㄣ。

的ㄉㄜ確ㄑㄩㄝˋ滿ㄇㄢˇ重ㄓㄨㄥˋ的ㄉㄜ，呼ㄏㄨ！

很ㄏㄣˇ不ㄅㄨˋ錯ㄘㄨㄛˋ喔ㄛ，是ㄕˋ健ㄐㄧㄢˋ康ㄎㄤ良ㄌㄧㄤˊ好ㄏㄠˇ的ㄉㄜ體ㄊㄧˇ重ㄓㄨㄥˋ。

頭部到尾巴基部是84公分……

這個儀器能監測心跳是否穩定。

從尾巴基部到最尾端是71公分。

犬齒長度有5公分。

哈里，牠狀況還好嗎？

心跳良好，體溫正常。

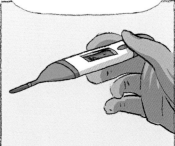

體溫也必須監測。

我這邊結束了。哈里，你可以抽血了。

好，一下就好，然後就可以把GPS項圈裝上去了。

抽血前先刮淨一小塊皮毛。血液用來詳細檢查動物的健康。

GPS 項圈

GPS 是全球定位系統的簡稱，無論物件在哪裡，它都可透過衛星精準定位出來。

GPS 項圈讓科學家能追蹤動物在野外的位置，但只能持續一段時間，之後會自動脫落。

下午 5:30

好，看起來不錯，不會太緊。

我們把牠放回籠子裡比較安全，等牠慢慢醒來。

藍冠短尾鸚鵡

透過追蹤，我們能更加了解雲豹如何在當地森林裡移動，以及移動的距離有多遠。

我們來幫牠取個名字！

坎姆，你有什麼想法？

嗯……叫牠……點點？

啊，牠好像已經醒了。

沙沙
抓抓

去吧，點點，別惹太多麻煩！

傍晚 6:00

六點了，時間過得真快。

沒錯，但你沒戴錶，怎麼知道時間呢？

帝王蟬又叫六點蟬，傍晚六點就會叫。

我們回去吧。再半小時太陽就下山了。

太好了，我好餓。

喔，你的肚子叫得好大聲！裡面大概藏了一頭生氣的熊！

坎姆，你的第一天過得好嗎？看起來好像很忙！

很精采，希望明天快點來，我等不及了。

不會每天都像今天這麼緊湊，但絕對不會無聊。

好玩的還沒結束喔！我今晚會架設誘蛾陷阱，想來幫忙抓蟲嗎？

耶！我們可以去嗎？

哈哈，當然！

算我一份。

太好了，記得要帶頭燈。

晚上 8:00

請脫鞋

需要幫忙架設嗎？

好啊，能幫我把這張布掛起來嗎？

51

誘蛾陷阱怎麼做？

很簡單。首先，把這張白布掛起來……

接著在布後面安裝特別的設備，叫……

燈泡！

哈哈

要用水銀燈泡，它會散發紫外線，能吸引蛾過來。

雖然人眼看不見，但很多動物和昆蟲都看得到紫外線。

嗨！我們架好誘蛾陷阱了。

要花一點時間才會吸引到夠多的蟲子，我們先去散步，觀察夜行性動物吧！

喔，還沒踏進森林，我就發現一隻動物了。

馬來西亞雨林蠍

是蠍子！

關掉頭燈，等一下，然後注意看……

按

紫外線手電筒

牠被紫外線照亮了！

這叫螢光，是因為蠍子體內的某種物質所造成的。

嘟嘟　嗚嗚

嘟

喂～喂嗚～

我們往森林裡面走，彼此不要離太遠。

晚上的聲音比白天還要熱鬧……

晚上多半是昆蟲和蛙類的叫聲。

嘟嘟

嗡

嗡嗡嗡

嘟嘟

螽斯

在黑暗中，利用頭燈尋找眼睛亮光……

很多動物的眼睛在黑暗中照到光時會發亮。

在這片黑暗中，還潛伏著什麼動物……
透過夜視鏡頭，好好觀察一下……

晚上 9:00，回到誘蛾陷阱……

哇，你們看這些蛾！

馬來月蛾，一種長尾水青蛾，沒有口器，大約只能活兩週。

皇蛾，世界上體型最大的蛾，翼展有 27 公分寬。

誘蛾陷阱不只能吸引蛾，還有其他昆蟲，像這隻南洋大兜蟲。

這種銀斑舟蛾會吸取哺乳類動物的淚水。

鬼臉天蛾，很愛吃蜂蜜，身體甚至能散發蜜蜂的氣味，好溜進蜂巢裡偷蜂蜜。

這隻皇蛾太驚人了，翅膀兩端看起來就像蛇的頭。

沒錯！ 遇到天敵威脅時，牠們會停歇在地面上，緩慢拍動翅膀，模仿蛇類頭頸的動作。

今晚有很多不錯的標本呢。但孩子們，該睡嘍。

好，謝謝克萊奧！

晚安坎姆！

睡個好覺，明天見。

晚上 9:30

哈欠～

希望明天快點到。晚安，媽。

好好睡。

昨晚深夜，我收到大象無線電項圈傳來的訊號，離營區不太遠，但沒想到牠們會來這麼近的地方。

我們得保持一定的距離，別讓牠們覺得受威脅。

婆羅洲象會組成大約八頭的小型家庭群體，多數成員是雌象。

成年大象一天吃進的食物有 150 公斤，包括果實、樹根、草和葉子。

這是無線電項圈，使用方法類似 GPS 項圈。

嘎吱　跺　咚　沙沙　嗖嗖　啪

溜～

那是什麼聲音？大象被嚇到嗎啊……

啪碰

啪

快跑

史氏大守宮，是世界上體型最大的守宮之一，體長可達 35 公分。

象寶寶！

看起來，牠是想和守宮一起玩……

哈，我想到你們小時候，也是對每件事情都很好奇，想叫所有人跟你們一起玩！

嗯，看來小象找到玩伴了！

長尾獼猴

名詞解釋

這裡解釋書中的一些專有名詞。 按筆畫順序排列。

GPS 項圈： 這個裝置能讓科學家精準定位出動物在野外的確切位置。

人工林： 大量種植單一樹種（ 如油棕） 的區域。

生物多樣性： 指一個區域裡有各種動植物生存在其中。

生物發光： 生物可以自己發光的能力。

自動相機監測系統： 有東西從前面經過（ 如動物） 就會自動開啟並拍攝的相機。

昆蟲學： 研究昆蟲的學問。

油棕： 一種棕櫚樹， 從果實萃取的油， 可用於食物和化妝品。 大肆擴張的油棕田對環境造成巨大破壞。

物種： 特定的一種動物、 植物或其他生物。

雨林： 充滿濃密植被而難以穿越的區域， 全年的降雨量很高。

保育： 保護動物與動物棲地的工作。

眼睛亮光： 有些動物的眼睛會在黑暗中反射光線， 因而發亮。

森林廊道： 在某個區域種樹以連接分隔兩地的森林， 讓動物能自由在兩地穿梭。

滅絕： 當一個物種的最後一個成員死亡時， 這個物種就滅絕了。

誘蛾陷阱： 昆蟲學家用來捕捉和研究蛾的裝置。

樹冠： 雨林中樹木枝葉的最上層。

螢光： 某些物質在吸收紫外線等光線後所釋放的光。

鎮定劑： 用來讓動物短暫睡著或失去意識的藥物。

霧網： 科學家用來捕捉和研究鳥類與蝙蝠等飛行生物的網子， 網目很細。

索引

24 小時大發現：勇闖熱帶雨林

作者／藍·庫克（Lan Cook）
繪者／史黛西·湯瑪斯（Stacey Thomas）
譯者／江坤山
出版六部總編輯／陳雅茜
美術主編／趙璦
特約行銷企劃／張家綺

發行人／王榮文
出版發行／遠流出版事業股份有限公司
地址／臺北市中山北路一段 11 號 13 樓　郵撥／0189456-1
客服電話／02-2571-0297　傳真／02-2571-0197
遠流博識網／www.ylib.com　電子信箱／ylib@ylib.com
ISBN 978-957-32-9678-2
2023 年 2 月 1 日初版
版權所有·翻印必究
定價·新臺幣 380 元

24 HOURS IN THE JUNGLE By Lan Cook
Copyright: ©2022 Usborne Publishing Ltd.
Traditional Chinese edition is published by
arrangement with Usborne Publishing Ltd.
through Bardon-Chinese Media Agency.
Traditional Chinese edition copyright: 2023
YUAN-LIOU PUBLISHING CO., LTD.
All rights reserved.

國家圖書館出版品預行編目（CIP）資料
24 小時大發現：勇闖熱帶雨林／藍·庫克(Lan Cook)作；
史黛西·湯瑪斯(Stacey Thomas)繪；江坤山譯. -- 初版. --
臺北市：遠流出版事業股份有限公司,2023.02　面；公分
譯自：24 hours in the jungle
ISBN 978-957-32-9678-2（精裝）
1.森林生態學 2.熱帶雨林 3.生物多樣性 4.通俗作品
436.12　　　　　　　　　　　　　　　　　111011408